AF390618

LE

COMTE D'ARTOIS,

ROI DE BOTANI-BAY;

A TOUS LES FUYARDS,

TRAITRES, PROSCRITS

DE LA FRANCE,

*De par le COMTE D'ARTOIS,
Roi de la Baie Botanique aux
Terres Auſtrales, & des peuplades
de malfaiteurs échappés de l'écha-
faud & des Galeres Angloiſes.*

A tous les fuyards & proſcrits de France,
Princes & valets, traîtres & bandits,
Princeſſes & filles de joie, Juges ignorans
& vendus, Prêtres paillards & impies,
&c. &c. &c.... Faiſons ſavoir que dans
l'autre hémiſphere, vers le Pôle Sud, le
vaſte continent des Terres Auſtrales leur
offre un pays nouveau, aſyle fait pour
eux.

Là ils verront ces qualités qui les ont
proſcrits en France, généralement répandus
dans cette nouvelle Nation, l'écume de
l'Angleterre. Là toutes les richeſſes appar-
tiennent à celui qui ſait s'en emparer. Là
tous les honneurs ſont à ceux qui ſavent s'é-
lever, le fallut-il par la force ou par l'intrigue. Là le petit eſt l'aliment du grand.
Là tout eſt ſacré au ſtupide qui croit, &

A 2

tout eſt libre à celui qui ſait tromper. Là les paſſions ſont les Dieux qu'on encenſe. Là ce que l'on appelle vice , par-tout eſt reconnu force d'eſprit , vertu. Et de ce pays je ſuis le Roi.

Les Anglois qui aiment à fonder des Empires , viennent de me placer ſur le Trône de ces nouveaux Etats. » Ce ne ſont
» point, m'ont-ils dit, des cœurs amolis
» par les douceurs de la Société ; ce ne
» ſont pas des hommes pliés ſous le joug
» des uſages & des loix, ſur leſquels vous
» allez régner ; ceux-ci ſont plus dignes
» de vos volontés dures, cruelles ; ils au-
» ront de la fermeté, de l'inſurrection pour
» les combattre....... ſourdes , cachées
» dans leurs Arrêts , fantaſques , capri-
» cieuſes dans les punitions ; vos ſujets au-
» ront de la fineſſe, de la ruſe pour les
» prévoir & s'en parer ; & de ce conflit
» entre votre puiſſance & eux , naîtront
» mille occaſions de vous mettre à la place
» de la loi impuiſſante ou trop forte , &
» le poiſon ou le fer ne ſeront pas inactifs
» dans vos mains ».

Vous donc, Princes fugitifs , Miniſtres de l'intrigue & du crime, héros de dureté & de tyrannie , ſangſues du Peuple , & au beſoin , aſſaſſin de vos freres , aigles

(5)

superbes précipités de l'Olympe, & volant maintenant terre à terre comme le sombre hibou.

Vous Grands & Nobles du Royaume, courtisans rampans & à votre tour, maîtres durs & impérieux, chargés d'honneurs qui fuient, & de richesses qu'on vous arrache, voués à l'inutilité & à la débauche, moineaux paillards effrontés, nourris dans la grange de vos maîtres, ou sur la gerbe du laboureur....

Vous Princesses & Baronnes, Duchesses & Marquises, tour à tour, Idoles & Prêtresses de la volupté ; Déesses puissantes qui maîtrisez les hommes ; ouvrieres méprisées de leurs impudiques plaisirs, ressorts déliés des cabales, des intrigues, levain puissant des divisions, des bouleversemens des Sociétés ; fauvettes, coquettes & libertines qui voltigez d'arbre en arbre, d'un amant à un autre, & comme les femelles de nos volieres, mangez vos œufs, & plumez vos petits....

Vous tous brigans & valets, espece entre l'homme & la bête, plus cruels que le tigre, plus bas, plus dégoutans que le colimaçon, instrumens utiles du crime & du vice, frélons voraces, qui déchirez le sein qui vous nourrit ; guis parasites,

A 3

qui détachés du chêne dont vous pariez les branches, tombez & mourez sur la terre qui n'a aucun suc pour vous....

Vous, les interprêtes de la loi que vous ne connûtes jamais, dont la balance immobile ne penche que sous le poids de l'or, ou attirés par la main libertine qui vous donna des plaisirs, cœurs endurcis contre les cris du foible ; oppresseurs des sujets & des Rois, petits tyrans, prêts de glisser du Trône où vous avoient placés les abus & le tems encore plus puissant qu'eux. Singes de la Fable, aussi grimaciers, aussi fripons que lui....

Et vous faux Prêtres du vrai Dieu, Ministres de Plutus & de l'amour, qui dégoutés des intrigues, des brouilleries des familles, las de poursuivre des roses qui n'étoient plus faites pour vous, préférez un libertinage facile & sans pudeur, chargés des richesses que la bienfaisance avoit déposé dans vos mains pour passer à vos freres, dissipateurs de ces trésors sacrés pour un vain luxe & des plaisirs effrénés, polype sans consistance, qui détruisez le corps auquel vous vous attachez....

Vous tous enfin que la France prétend expulser ou plier à ses loix sévéres, vous qu'elle blâme tout haut des passions qu'elle a nourri, & qu'elle veut détruire, ne sachant pas en tirer parti, accourez tous autour de moi. Nos Antipodes ont des usages, des loix toutes opposées à celles de nos compatriotes. Ce que ceux-ci blâment, proscrivent comme des vices, les autres l'approuvent, le pratiquent comme vertu. C'est la Nation que vous êtes dignes d'étendre, c'est la Nation que je suis fait pour commander.

Que si plusieurs d'entre vous qui m'êtes sincérement attachés, ne vouloient pas s'en séparer, & craignoient de se confondre, se perdre parmi les Anglois qui ont fondé l'Empire, ils pourront avec moi bâtir la Capitale.

Nous choisirons une Isle qui puisse nous renfermer sûrement comme une troupe d'amis, dans le cas de soulevement des Provinces, de mécontentement des Colons, ce qui pourroit bien nous menacer pour les premiers tems seulement; car par la suite mille Intendans, deux cens régimens, des droits sans nombre de servitudes & de redevances, dix mille Châteaux forts, la demeure des Seigneurs, nous assurent un paisible Gouvernement; par nos travaux on verra bientôt une Tyr nouvelle sortir des eaux, où cette ville superbe, bâtie par des François, l'élite de la Nation, &

tous dévoués aux plaisirs, aux voluptés, fera revivre un nom sacré dans les fastes des Priapistes, elle se nommera *Sodôme*. De nos jours les carreaux du Ciel tombent rarement, nos Prêtres n'ont plus de force pour les lancer, & dûssent-ils nous menacer, nous ferons dire de nous au milieu de nos Fêtes & Orgies, ce que Horace a dit de l'homme au sein de la vertu.

Accourez donc tous amis & compagnons de fortune, quittez la France qui ne vous convient plus. Laissez les habitans, devenus rares, se préparer de long ennuis par l'égalité qui va s'établir dans les plaisirs comme dans les conditions, pour vous enflammer du même feu qui a fait bouleverser ce Royaume, venez par mille chocs opposés, & des efforts nouveaux, fonder ma Capitale. J'écris à mes cousins, les Princes de Condé & de Conti, pour leur proposer de concourir avec moi au Gouvernement d'un vaste Empire.

Condé sera mon Vice-Roi dans le Continent, car j'habiterai le plus souvent l'Isle. Il pourra étendre librement la domination dure, & les mépris de son orgueil sur les échappés des Galeres d'Angleterre, à qui sont distribués les campagnes, & dont il pourra s'amuser à faire la chasse, quand celle du gibier ordinaire l'ennuiera.

Le Prince de Conti fera mon premier Miniftre, il eft févere & cruel, il ne faut rien moins qu'un tel caractere pour maintenir les loix en vigueur parmi un peuple qui fera plein de force & infubordonné.

Caglioftro fera mon Intendant des Finances. On m'avoit propofé Calonne, mais il ne fait trouver de l'argent, que par-tout où on veut lui en prêter; & la confiance eft bientôt ufée par les intérêts fi forts qu'il promet, & qu'il ne paie pas ; l'autre, au contraire, plus adroit, fait arracher de tous les pays des rétributions énormes. Ses Receveurs font répandus chez toutes les Puiffances. Leur quittance eft une fiole de baume, & celui qui le pourra faire recueillir dans mon Royaume, aura fûrement beaucoup de vertus.

Le Duc de Luxem.... aura le Département de la Guerre, il la fait avec beaucoup de fang froid, dans le cabinet. Au refte, nous n'aurons rien à craindre des habitans des autres Continens. De vaftes mers nous en féparent, il n'y aura jamais dans mes Etats que quelques féditieux, quelques brigands plus entreprenans que les autres, à maintenir dans l'ordre, ou à réduire. Je fais les conduire, & au befoin, je faurai les exterminer tous.

Linguet fera chargé des Affaires Etrangeres, c'eft un grand bavard qui faura endormir de belles phrafes les Puiffances qui me feront des demandes. Sa Logique adroite faura étendre mes droits fur eux par mes alliances & les traités, elle faura borner les leurs, & excufer mes refus. Comme les négociations ne feront pas fréquentes, & par une fage économie, bien néceffaire dans un grand Empire, ce fera auffi mon Hiftoriographe ; il reprendra fes Annales.

Je donnerai les Sceaux à Defpréménil, il en fera flatté, car fon ambition eft grande, & la cire jaune fera auffi bien dans fes mains que le maftic l'étoit dans celles de fon pere, lorfqu'il cachetoit du Tockai & du Mufcat qu'il avoit fabriqué lui-même.

Cette grace, & je la lui dois, lui donnera la confiftance qu'il s'efforce depuis long-tems d'acquérir dans la Société, & qui eft telle en France, qu'un quidam a ofé lui dire aux Etats-Généraux, dont il s'étoit abfenté pour caufe : *qu'il importoit peu à l'Affemblée de connoître fes motifs ; qu'elle ne s'étoit pas apperçu qu'il avoit manqué, & que dans tous les cas il étoit excusé, parce qu'il devoit rester ignoré.* Mais il ne le sera pas dans mon Empire. Il peut être assuré de toute ma faveur, parce que je connois ses talens, & je suis sûr qu'il est guéri de cette folie des *Etats-Généraux* dont il est bien ennuyé.

La feuille des Bénéfices, car je veux en avoir à donner. Cette feuille sera pour l'Archevêque de Paris; c'est un saint homme, & après Dieu il met son Roi ; comme tous ceux qui l'ont dans tous les Etats Chrétiens ; il commencera par choisir les bons. Je lui en abandonne à sa soif, car j'ai été pénétré de la peine qu'il a dû sentir à prononcer aux Etats-Cénéraux deux phrases qui le ruinent.

Messieurs, (a-t-il dit le cœur gros de soupirs) Messieurs, nous abandonnons volontiers, & de bon cœur, (Dieu le sait) nos dîmes & nos biens à la Nation ; nous la supplions de prendre des moyens pour entretenir avec décence le culte divin, pour le soulagement des pauvres, & pour la subsistance des Ministres des Autels. Le pauvre homme ! Il fait pitié.

Pour Ministre de la Marine, j'aurai le Comte d'Hect...... Il fait le Citoyen à Brest, mais il joue forcé, & il sera bien aise de venir jouir dans nos Etats de tous

les priviléges de la Nobleſſe, & ſur-
tout de la liberté de mépriſer, de roſſer
ces vilains, qui maintenant ſont ce que
la Nobleſſe avoit toujours été ; quelque
choſe,

Il eſt d'ailleurs exercé dans la manu-
tention des ports, le gréement, l'équipe-
ment des vaiſſeaux, c'eſt tout ce qu'il me
faut ; je ne veux avoir d'autres navires
que ceux qui me ſeront néceſſaires pour
l'approviſionnement de mon Iſle, en bon
vin & en belles filles, encore un coup la
paix fait mes délices ; il faudroit que les
Souverains ambitieux, conquérans, viſſent
une fois un ſiége de Gibraltar, & qu'ils
fuſſent toujours obligés d'être au combat ;
s'ils avoient mon ame, ils chaſſeroient de
leurs Etats du monde entier la guerre, ce
fléau deſtruéteur, on a d'autres moyens de
modérer la population.

Auſſi ne veux-je pas de Conſeil de
guerre. Le Maréchal de Broglie, le Prince
de Lambeſc, le Baron de Bézenval, voilà
les ſeuls Officiers qui m'aſſureront la paix
dans mes Etats, en retenant dans l'obéiſ-
ſance par les fers ou par la mort, ceux de
mes ſujets qui feroient faire de ces ſottiſes,
que l'on proclame en France plaintes,
doléances, motions, arrêtés, &c.

La justice de Sodome & celle de tout mon Royaume sera administrée par les Parlemens de France, qui s'en trouvent tous renvoyés. Ils se formeront en Tribunaux de la maniere qu'ils jugeront bon être ; je veux qu'ils ne raient de leurs priviléges que l'article des remontrances & de l'enregistrement.

J'abandonne à leur discrétion les Avocats & les Procureurs, ils pourront en faire des Juges subalternes & des Régisseurs de Terres. A ce métier ceux-ci s'enrichiront plus promptement qu'à faire de la grosse, dans des pays heureux où les loix seront telles que les Grands se feront justice par la force, & les petits par la ruse & l'adresse.

Les Huissiers à pied & à cheval, les recors, sergens & autres suppôts de la justice de France, feront la garde bourgeoise de Sodome, pour écarter tous créanciers qui venant des contrées outremer, prétendroient réclamer des dettes, le montant de mémoires, billets ou telle autre obligation simple, ou sur parole d'honneur, formule insignifiante, absolument abolie dans tous nos Etats.

Le Cardinal de Brienne sera le chef de la religion, en qualité de Primat, car, ainſi que la France, l'Angleterre, l'Allemagne, je ne veux point payer d'annates.

Il compoſera ſon Clergé des pauvres Evêques de France, que l'on réduit à la mendicité, & des Abbés qu'on dépouille inhumainement de richeſſes qui leur avoient ſi peu coûté, & dont ils tiroient un grand parti ; il aura grand nombre de Chanoines & de Moines, il fera des Prêtres de ceux qui ſavent un peu de latin, & des maîtres d'écoles des autres qui ſe trouveront ſavoir lire.

Les premieres banques, les premieres manufactures, les premiers magaſins, je les donnerai à mes principaux créanciers, & par cet arrangement, en m'acquittant avec eux, je les rendrai comptables envers moi de quelques petites rétributions, elles ſont néceſſaires pour exciter l'émulation.

Tous ceux à qui je dois, en général, comme boulanger, épicier, fruitiere, crêmier, &c. ſont aſſurés dè ma protection, & d'un état honnête dans mon Royaume, à condition de ſuppreſſion de leur créance.

Bellanger, mon Architecte, à qui je ne dois rien, parce qu'il a toujours ſu ſe payer ou ſur mes maîtreſſes, ou par des arrangemens particuliers avec les Entrepreneurs de mes bâtimens, (car *Bagatelle* qu'il a bâti pour moi, n'a pas été une *bagatelle* pour lui), Bellanger fera le premier Architecte de Sodome. Le nom feul de cette fuperbe Capitale doit monter fon imagination, lui faire trouver d'avance *un genre*, *un caractere* propre à la décoration de chaque bâtiment. Nos ufages que je dicterai moi-même, lui indiquera la diftribution, mais je peux l'avertir d'avance, que la volupté remplacera chez nous la décence. Le temple de Vénus fera le plus beau de toute la Capitale Pour le refte, nous aurons quelques Eglifes difpofées comme celle des Carmes, des Jacobins en France, dont les Chœurs fermés aux yeux du public, ôtent aux miniftres de la religion la fujétion de l'office. Dans chaque Communauté un feul Religieux avec le talent de *Thiémet* peut chanter une Meffe en haute-contre & baffe-taille, enfant de chœur & corne-à-bouquin.

Quant aux autres charges & emplois de l'Etat qu'il feroit inutile de détailler, elles font affurées de préférence à tous les Français qui vivoient de fuccion, & qui vont deffécher de befoin, tels que les Fermiers-Généraux, que les Adminiftrateurs, Régiffeurs des Bureaux des perceptions quel-

conques , les Directeurs des Hôpitaux &
Maisons de force , les Majors des régimens,
les Receveurs & Régisseurs particuliers ,
les Intendans de maison , des maltotiers
& Commis sans nombre , des Clercs de
Procureur qui vont perdre chez leurs pá-
trons ruinés jusqu'à la tourte & l'aloyau
qu'on leur donnoit sans dessert. Une foule
de Moines mendians qui ne trouveront
plus d'aumônes , des Capucins sur-tout
voués à la malprópreté & l'ordure, chassés
de France par l'odeur de sainteté où ils
vivent , & leur inutilité pour la philoso-
phie ; si je n'ai pas de Monastere à leur
donner , j'aurai des emplois analogues à
leur savoir & à leur goût , le privilége ex-
clusif d'une compagnie pour la pompe an-
timéphitique & les accessoires.

Enfin , tout le peuple François qui va
émigrer , chassé par la faim , ou échappé
à l'esclavage , voulant jouir de sa liberté ,
tels que les habitans des Maisons de force,
les forçats échappés aux galeres , & aux
prisons des Parlemens , les filoux, escrocs,
espions , mouchards ; tous les chevaliers
d'industrie , petits-maîtres faisant des dettes
qu'ils ne paient pas , & des affaires où ils
ne se ruinent guere & ne s'enrichissent jamais ; toute la valtaille réformée des

grandes maiſons ruinées, bedaux, ſacriſtains d'Egliſes, maqeuraux, cocus & greluchons, &c. &c., tous trouveront dans le Royaume une exiſtence honnête, aiſée en raiſon de leurs talens.

Mais comme un grand Empire ne ſe ſoutient pas ſans la population, nous invitons toutes les femmes de France, mécontentes de leurs maris, les filles mal payées par leurs amans, échappées à la Salpêtriere ou à leurs mamans, de paſſer à la Baie Botanique, elles y trouveront toutes ſortes d'avantages. Un des plus grands du pays, c'eſt que le climat ſeul guérit cette maladie ſâcheuſe, poiſon de nos plaiſirs, elles peuvent être aſſurées du reſte d'une exiſtence fort belle.

Leur département ſera confié à la Ducheſſe de Polignac, c'eſt un emploi fait pour elle, & auquel j'en ajouterai un autre; ce ſera de nous monter en Princeſſes & Ducheſſes, Marquiſes & Baronnes, elle me les indiquera, & je leur ferai des invitations particulieres de venir embellir ma Cour. Que ſi, effrayées du trajet, une grande partie de ces dames, contentes encore de leur ſort en France, n'acceptoient pas mes offres, la Ducheſſe ſe chargeroit bien de faire un remplacement dans

les actrices & filles du Palais Royal , &
même petites ouvrieres des boutiques de
Paris , endoctrinées par elle , ce feront
bientôt autant de femmes de qualité.

Enfin , il ne fera rien négligé pour affu-
rer à cet Empire naiffant une gloire nouvelle , & à fes habitansheureux l'accom-
pliffement de tous leurs goûts , fans bor-
nes , & de leurs defirs fans frein.

O vous donc Princes fans autorité ,
Grands fans pouvoir , Nobles fans honneurs , Parlemens fans épices , Avocats
fans caufe , Procureurs fans frais , Clercs
fans Etudes , Huiffiers-Sergens fans ordon-
nances , fans exploits , Fermiers-Généraux
fans recette , Commis fans barrieres , mar-
chands ruinés , banquiers fans fonds , petits maîtres fans chemife , Evêques à pen-
fions congrues , Abbés fans bénéfice ,
Moines tous réduits à la beface ; ô vous
Princeffes fans plaifirs , Ducheffes fans
crédit , Marquifes fans équipages , Com-
teffes fans le fqu , Nones fans afyles , cour-
tifannes abandonnées , filles fans pain ,
venez, accourez dans mes Etats des Terres
Auftrales , des vaiffeaux s'arment dans les
ports d'Angleterre pour vous y tranfporter.
Vous devrez cette nouvelle exiftence à

George, & les douceurs qu'elle vous procurera au Comte d'Artois.

Venez vous joindre aux sujets qui m'ont été choisis dans la Nation Angloise. Vous allez y faire naître les plaisirs & la volupté, & fleurir les arts. Bientôt par nos travaux & votre goût, nous serons en possession de donner des modes à la terre, & par ma sagesse, ma puissance, mon Gouvernement deviendra le modele, l'envie l'hémisphere du Sud, pendant que celui de de France bouleversera l'hémisphere du Nord.

www.ingramcontent.com/pod-product-compliance
Lightning Source LLC
LaVergne TN
LVHW020851200726
843508LV00003B/1147